科技创新、科学普及是实现创新发展的两翼，要把科学普及放在与科技创新同等重要的位置。

要在教育“双减”中做好科学教育加法，激发青少年好奇心、想象力、探求欲，培育具备科学家潜质、愿意献身科学研究事业的青少年群体。

推进中国式现代化，科学技术要打头阵，科技创新是必由之路。

—— 习近平

推进全人群科学教育
引领全体系科创活动
加强全媒体科技传播
构建全生态科普格局

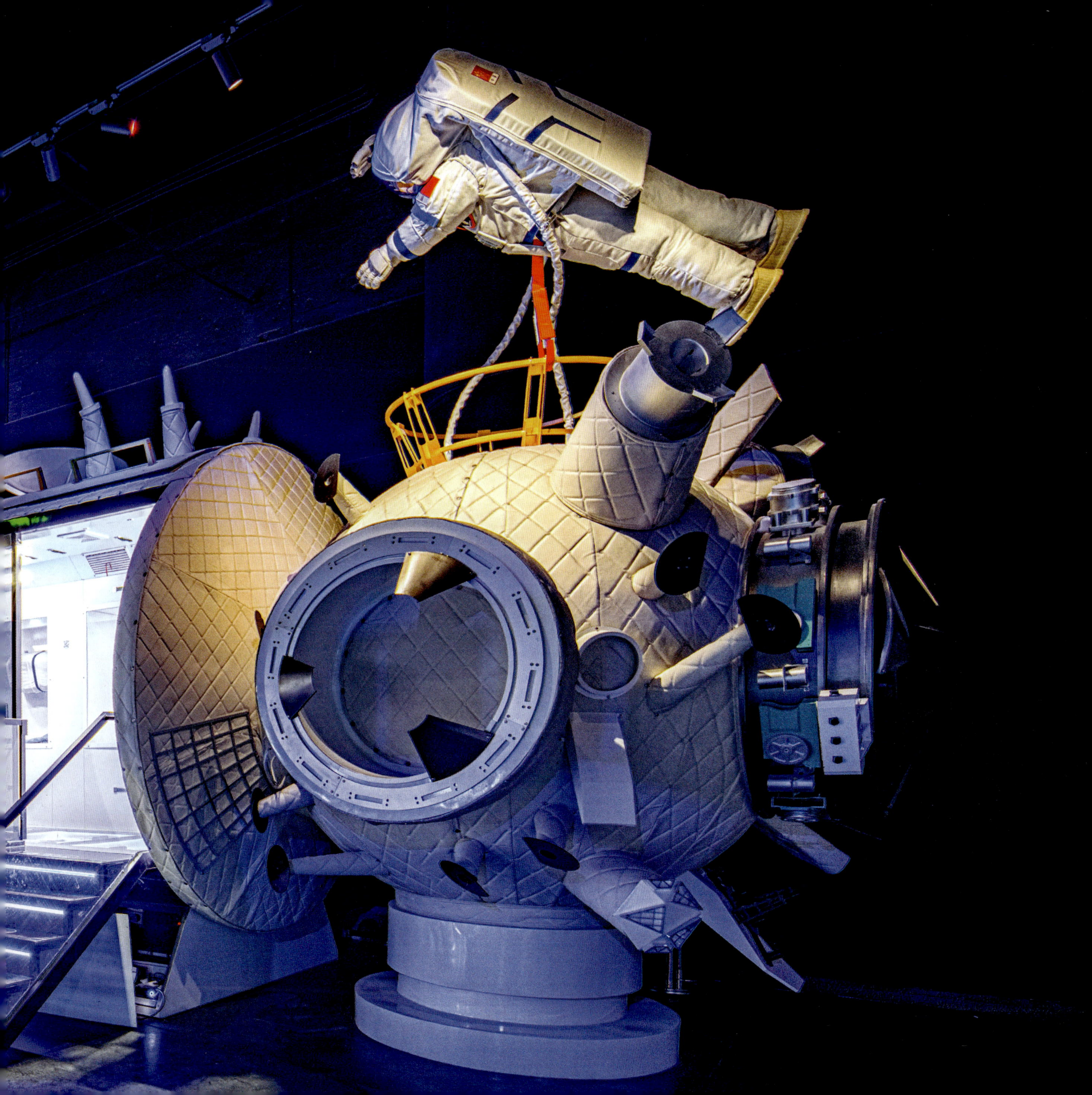

安徽省科学技术馆

展览画册

主 编 方 波

副主编 王 睿 汤 林 沈超群

编 委 王 飞 黄银萍 俞 放

葛子红 罗 斌

中国科学技术大学出版社

内 容 简 介

画册从新馆概述、标志性展项、展厅介绍、影院剧场等方面对安徽省科学技术馆的建设过程、策展理念、场馆特色等进行了全面介绍。先对安徽省科学技术馆进行总体介绍，随后重点展示九大常设展厅和安徽省科学技术馆首展首创的标志性展项，以及馆内巨幕影院、球幕影院、4D影院、科学秀场等设施。图片精美、文字简练，可供来馆参观、体验的青少年及其他来访者阅读。

图书在版编目（CIP）数据

安徽省科学技术馆展览画册 / 方波主编. -- 合肥 ：中国科学技术大学出版社，2024.12. -- ISBN 978-7-312-06172-1

Ⅰ. G322.754-64

中国国家版本馆CIP数据核字第2024LN4141号

安徽省科学技术馆展览画册

ANHUI SHENG KEXUE JISHU GUAN ZHANLAN HUACE

出版　中国科学技术大学出版社
安徽省合肥市金寨路96号，230026
http://press.ustc.edu.cn
http://zgkxjsdxcbs.tmall.com

印刷　鹤山雅图仕印刷有限公司

发行　中国科学技术大学出版社

开本　889 mm × 1194 mm　1/12

印张　9

字数　112千

版次　2024年12月第1版

印次　2024年12月第1次印刷

定价　100.00元

前　言

一座科技馆应该给人带来什么？是科学技术的震撼，是科学兴趣的萌芽，是科学思想的启迪……对于志在全力打造具有重要影响力的科技创新策源地的安徽来说，一座省级科技馆可能意味着更多。

为实现“国际一流、国内领先”的目标，落实安徽省委、省政府“融合发展、错位互补”的要求，避免“千馆一面、面面相同”的现象，安徽省科学技术馆认真研究科普文化场馆发展趋势，在展览选题上，既保留经典科学内容，又突出前沿科技体验和社会热点，更着力体现安徽科创实力；在展示理念上，突出价值引领和科艺融合，全力打造科学精神殿堂和最美科技馆；在展示方式上，融合运用各种展示技术，打造全国首家数字孪生科技馆，用技术呈现科学魅力；在展示特色上，坚持首位创新，拥有多项全国之最展品，用特色鉴出色；在展览目标上，注重推进全人群科学教育，引领全体系科创活动，加强全媒体科技传播，构建全生态科普格局。

2023 年 11 月，历时 24 个月，创造了全国特大型科技馆展陈建设时间最短纪录的安徽省科学技术馆正式开馆。新馆开放离不开各级领导的高度关注，离不开全国各大科技馆、高等院校及科研院所相关领域300余位知名专家学者、专业人士的倾情指导，离不开北京星际元、合肥安达、合肥探奥、合肥磐石、上海建工、上海宽创、深圳艺博堂等10余家企业的鼎力支持，离不开全体安徽省科学技术馆人的攻坚克难、全力以赴。“千淘万漉虽辛苦，吹尽狂沙始到金。”开馆一年，累计接待公众超148万人次，参观团队超1100批次，游客抽样调查满意率99%，各类点评软件持续霸榜，开放工作得到社会各界广泛赞誉。

为让观众更好地了解安徽省科学技术馆展览全貌和展示脉络，我们组织编写了本书，简要介绍安徽省科学技术馆的基本情况和各展厅展览概况。希望这本展览画册，似科技地图，引你穿梭知识海洋，感受科技与艺术交融之美。“路漫漫其修远兮，吾将上下而求索。”让我们在安徽省科学技术馆，开启科学之旅，探索未知，发现未来。

衷心感谢各界对安徽省科学技术馆的支持！

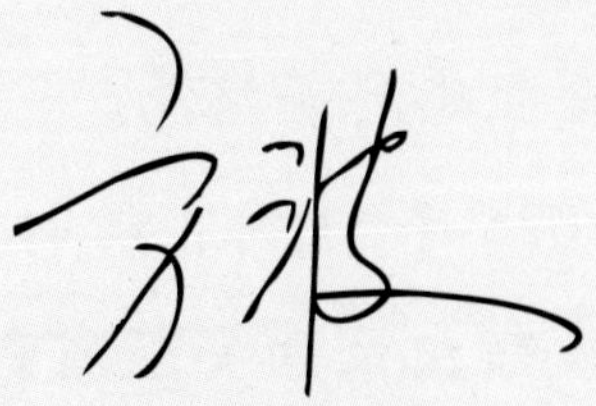

2024年10月

目录

新馆概述

一、建设历程

二、建筑概况

三、功能规划

安徽省科学技术馆
安徽省青少年科技活动中心

安徽省科学技术馆新馆是安徽省委、省政府深入贯彻落实习近平总书记关于科普工作和考察安徽重要讲话指示精神，努力打造具有重要影响力的科技创新策源地，建设科技强省、教育强省、人才强省，推动高质量发展的重要举措，是加强科学普及工作，提升全民科学素质，增强人民群众获得感、幸福感、安全感的重点民生工程。

一、建设历程

2012 年 10 月
立项

2013 年 12 月 30 日
项目奠基

2016 年 1 月 16 日
主体结构封顶

2021 年 9 月
启动新馆项目布展工作

历经 2 年完成布展设计及施工
2023 年 9 月基本建成

2023 年 11 月 23 日
举行开馆仪式

二、建筑概况

安徽省科学技术馆新馆位于合肥市包河区香港路 88 号，毗邻巢湖北岸，占地 5 万平方米，建筑面积 6 万平方米(其中省科技馆部分 5 万平方米，省青少年科技活动中心部分 1 万平方米)，建筑高度 45 米，地上 5 层，地下 1 层。安徽省科学技术馆新馆的外观造型形象地展示了宇宙星云动态运行的奥秘，约 3 万平方米建筑外幕墙采用大跨度多角度异形折面设计，呈现出强烈的视觉美感和科幻质感，也有网友形象地称其为一颗“能量钻石”，闪耀在巢湖岸边！

项目占地
50000
平方米

建筑面积
60000
平方米

建筑高度
45 米

三、功能规划

安徽省科学技术馆 1~3 层为省科技馆展览教育区，展教面积 3.20 万平方米，共设置 9 个常设主题展厅（常设展厅面积 1.67 万平方米、展品总数 627 个）、1 个科学秀场（可容纳观众 100 人）、1 个临时展厅（800 平方米），以及巨幕影院（屏幕 22.5 米宽，设 298 个座位）、球幕影院（直径约 22 米，设 183 个座位）、4D 影院（设 80 个座位）3 个特效影院。同时，建有全国首个“数字孪生科技馆”，融入数字孪生、大数据分析、物联网等先进的人工智能技术，实现在线展馆游览、展品互动、知识拓展、信息反馈、智慧管理等多种功能，打造智慧科技馆典范。

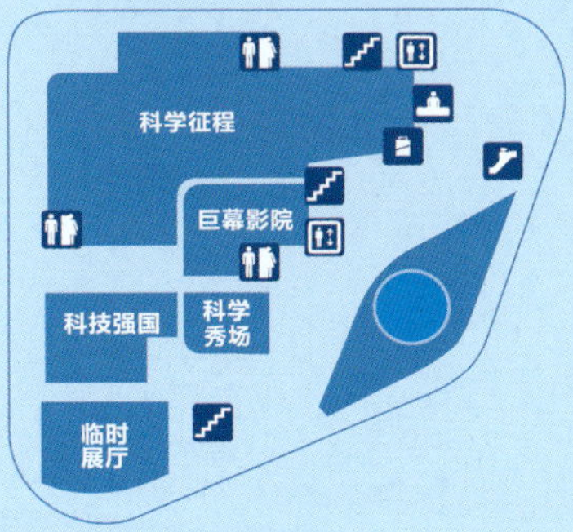

1楼

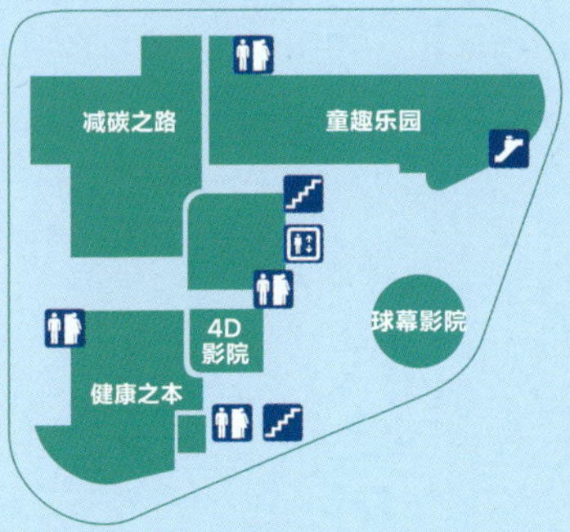

2楼

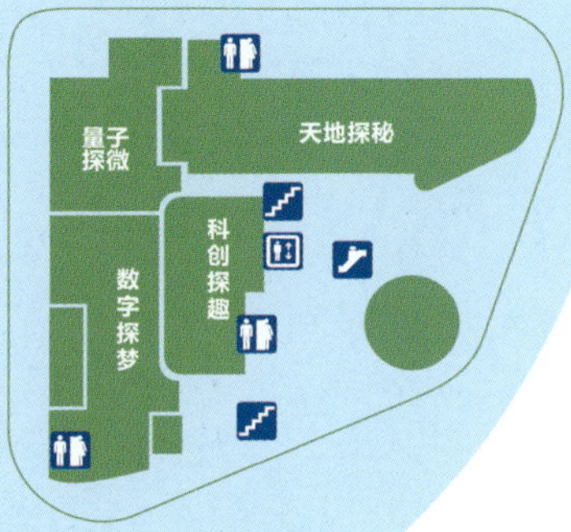

3楼

标志性展项

一、启舞

国内首创的室外大型动态雕塑，设计理念为“科学启明 · 万物共舞”，由 36 层旋转叶片构成倒三角形态，每层有单独电机控制，在动态演绎间呈现时空演化与生命进程。

启舞
ENLIGHTENMENT DANCE
科学启明 万物共舞

二、球幕影院外部全彩屏

球幕影院外部全彩屏直径 28.5 米，采用定制透明 LED 全彩屏技术，创新融合球屏裸眼 3D 和 AI 绘画等前沿的数字技术，为国内最大的室内球形透明屏。

三、奇奇

本展品是目前国内首个由 IP 演化而来的大型动态展品，基于整馆 IP 形象进行设计，其面部、耳朵、手臂均能够进行动态演绎。面部采用 LED 柔性屏，能够展示多种灵动活泼的动态表情。展品将定时与观众打招呼、报时、预告演出信息等，当球幕外屏启动时，奇奇会手持望远镜看向该屏，形成隔空联动，表达了奇奇对宇宙世界强烈的好奇心。

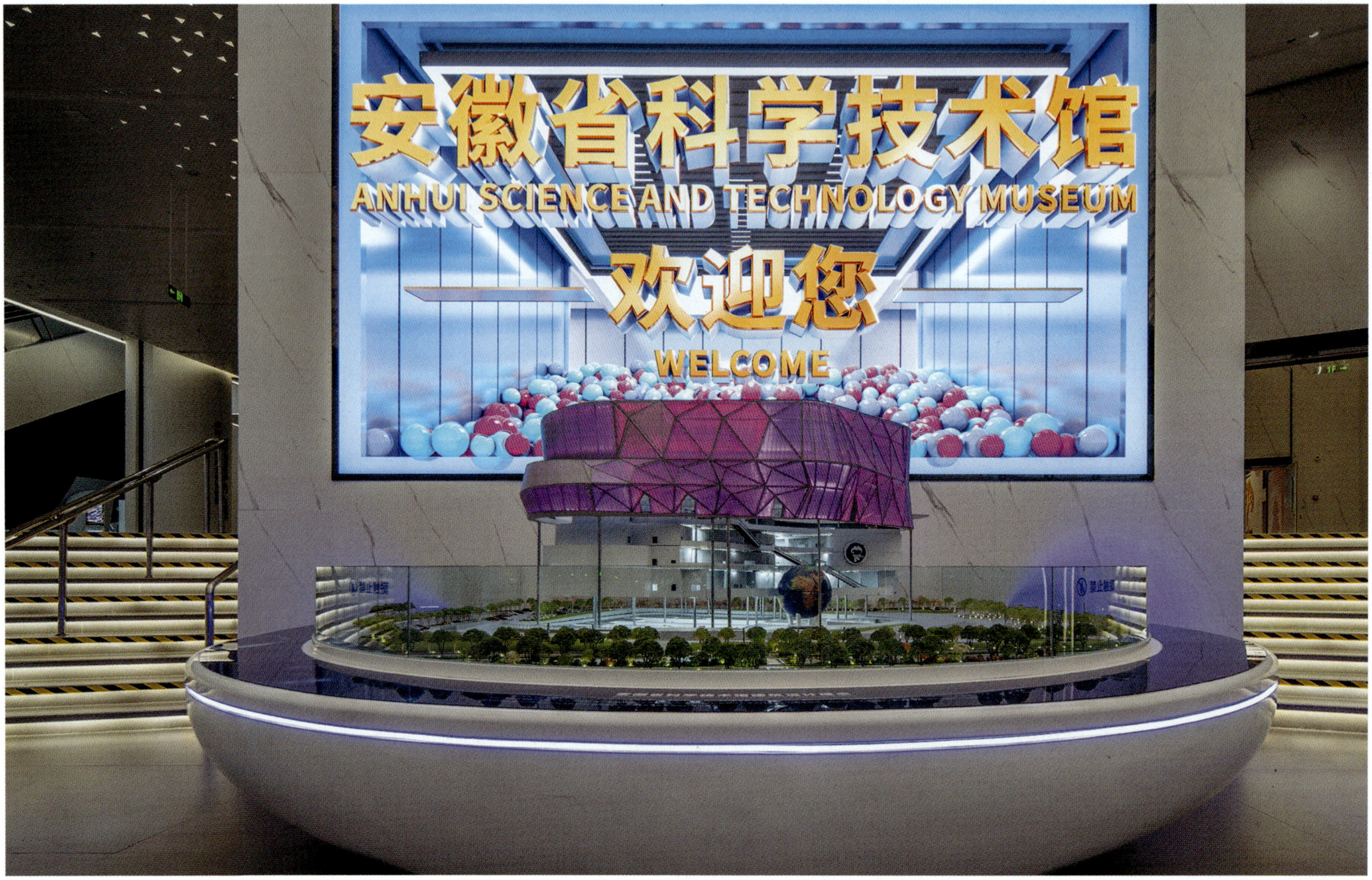

四、展览理念总览

本展品由墙面大屏和动态沙盘模型组成。墙面大屏以三维动画形式演绎科技馆建设理念，台面上的沙盘会与其进行联动，我们将看到每一层的布局和结构，感受科技馆的整体设计基调与空间场景，了解各个主题展览概况。

创新·格力

展厅介绍

1F

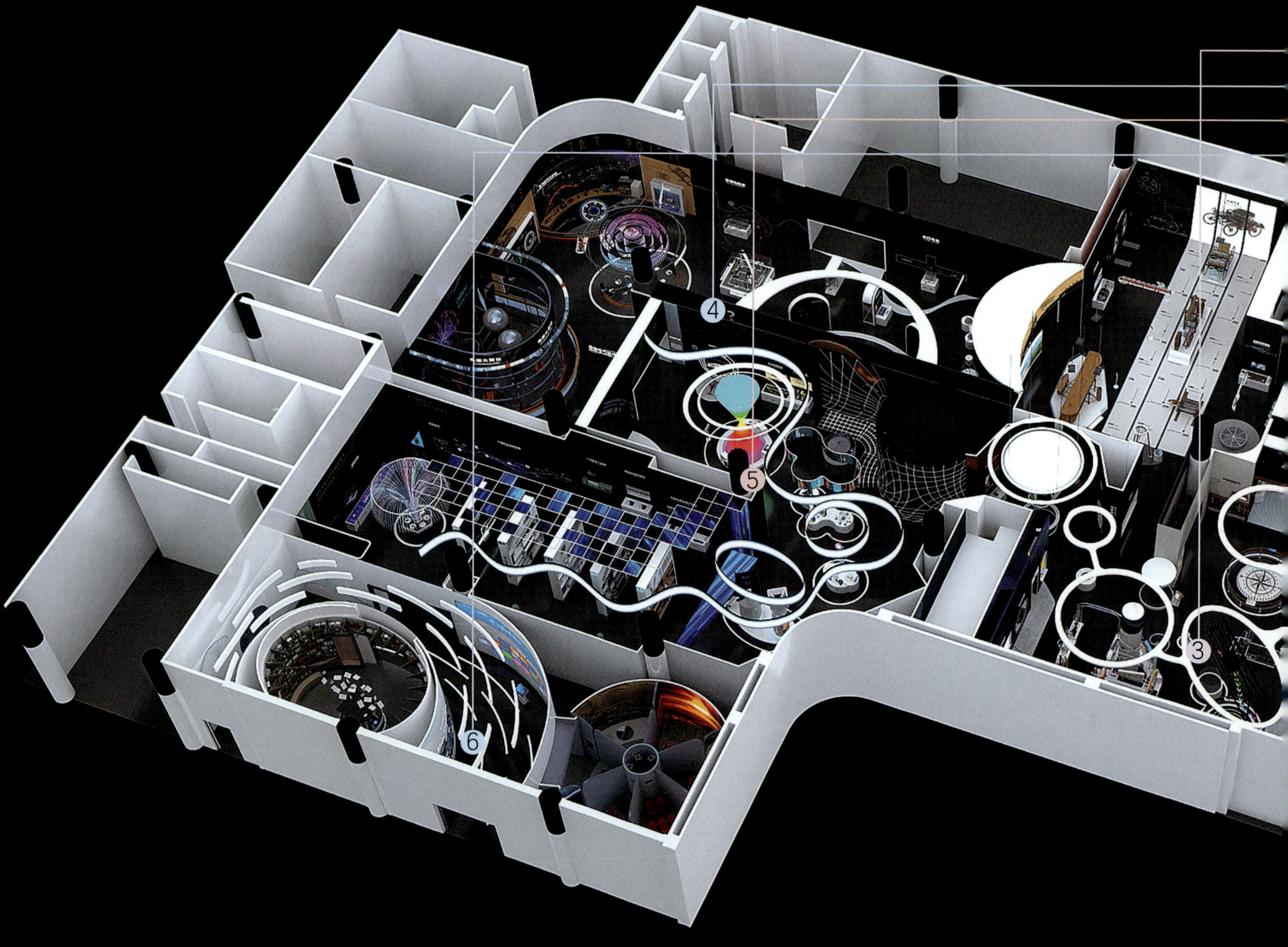

科学征程鸟瞰图

一、科学征程

“科学史之父”乔治·萨顿指出：“科学史是唯一能够说明人类进步的历史。”历史大潮浩浩汤汤，人类社会发展至今已经历了两次科学革命、三次技术革命及由此引发的三次工业革命的洗礼。历史经验表明，科技革命总是能够深刻改变世界发展格局。科技是国家强盛之基，创新是民族进步之魂。

展厅设有 6 个分主题展区，分别是文明的序章、理性的光辉、科学的变革、工业的浪潮、科技的飞跃和无尽的探索。展厅面积 3194 平方米，设置展品 148 件。

科学征程平面图

1. 文明的序章 / THE PREFACE TO CIVILIZATION

石器时代，人类开始使用工具，这是原始技术的萌芽，在与大自然做艰苦卓绝的斗争中，出现了制作陶器、使用弓箭、建造房屋、刀耕火种、观测天象……

生产技术和自然知识的不断积累，使文明首先在尼罗河流域、两河流域、印度河流域、黄河流域，从蒙昧中诞生。

古老的数学
ANCIENT MATHEMATICS
大河与文明
THE GREAT RIVER AND CIVILIZATION

2. 理性的光辉 / THE GLORY OF REASON

自公元前 800 年始，人类社会进入轴心时代。

以苏格拉底、亚里士多德等为代表的希腊人开启了西方哲学，也开启了科学。“理性自然观”开创了科学精神的先河，闪耀着理性的光辉。

中国创造了独具特色的科学技术，形成了农、医、天、算四大学科，为世界留下了一串光耀的足迹。

3. 科学的变革 / THE REVOLUTION OF SCIENCE

14 世纪到 16 世纪，以弘扬人文主义为核心的文艺复兴运动，为近代科学革命提供了思想基础。

哥白尼的“日心说”破除了绝对运动观念，拉开了第一次科学革命的序幕；伽利略创造并示范了将新的科学实验与数学相结合的科学方法；牛顿构建了完整的新物理学体系，将第一次科学革命推向高潮。

17 世纪末，一套崭新的机械自然观和科学方法论的确立标志着近代科学的诞生。

4. 工业的浪潮 / THE TIDE OF INDUSTRY

18 世纪 60 年代，以蒸汽机为代表的新机器被广泛使用，英国率先掀起了第一次工业革命，人类进入“蒸汽时代”，并形成了“科学—技术”相互加速的循环机制。

19 世纪，进化、发展的观念融入自然科学理论中，宏伟的古典科学大厦耸立起来；热力学、电磁学的大发展，使德国发起了以内燃机技术和电力技术为标志的第二次工业革命，人类进入“电气时代”。

亨利·吉法尔发明的
蒸汽动力飞艇
威廉·奥的斯发明的蒸汽动力单斗挖掘机
诞生
最初的需求
——解决排水难题
漫长的历程
1690 帕潘
萨弗里 1698
1712 纽可门
瓦特 1769

5. 科技的飞跃 / THE LEAP OF SCIENCE TECHNOLOGY

20 世纪，相对论、量子力学取代了牛顿力学，成为物理世界更普适的基础理论，开启了第二次科学革命，催生了新的科学范式和科学研究方法论。

原子物理学的发展使人类进入原子能时代。电子技术给人类带来了电子计算机，从而带动了一大批高新科技的飞跃发展，造就了以电子技术和信息技术为核心的第三次工业革命，人类进入“信息时代”。

电子管时代
ELECTRON TUBE
电子管时代
电子信息
ELECTRONIC INFORMATION

科
学
博
览

6. 无尽的探索 / THE ENDLESS EXPLORATION

从 16 世纪的意大利到 20 世纪的美国，世界科学中心先后进行了五次大转移。科技创新永无止境，科学理论不可能穷尽自然界和人类社会的一切真理，科学中心也不可能永远停留在某一个国家。对中国来说，既是挑战又是机遇。中国要强盛、要复兴，就一定要大力发展科学技术，努力成为世界主要科学中心和创新高地。

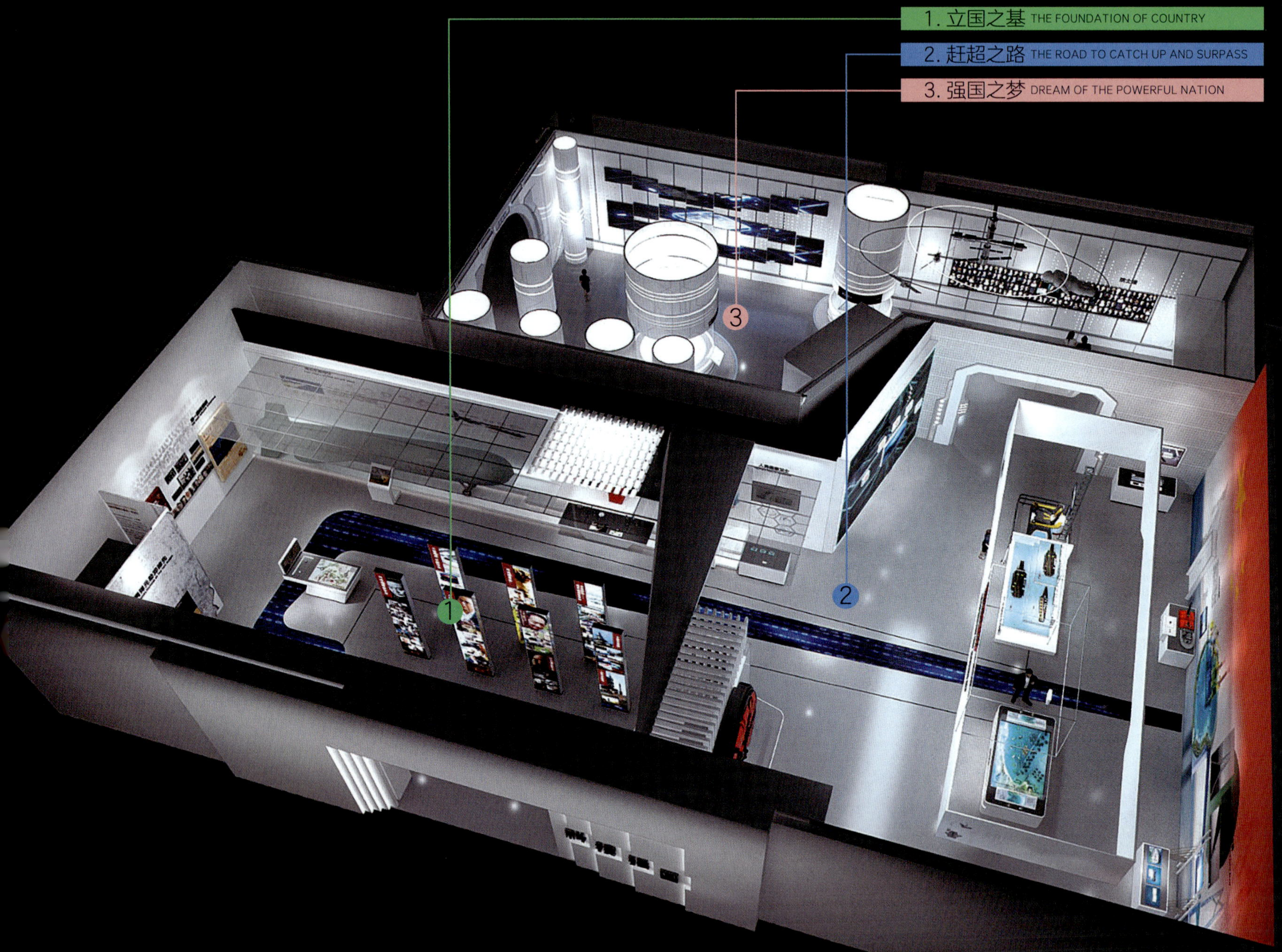
1. 立国之基 THE FOUNDATION OF COUNTRY
2. 赶超之路 THE ROAD TO CATCH UP AND SURPASS
3. 强国之梦 DREAM OF THE POWERFUL NATION
1
2
3

科技强国鸟瞰图

二、科技强国

“科技兴则民族兴，科技强则国家强。”

中国共产党历来高度重视科技事业，新中国成立以来特别是改革开放以来，我国科技发展取得举世瞩目的伟大成就，科技整体能力持续提升，一些重要领域方向跻身世界先进行列，某些前沿方向开始进入并行、领跑阶段，为我国成为一个有世界影响的大国奠定了重要基础。

展厅设置立国之基、赶超之路、强国之梦 3 个分主题展区。展厅面积 640 平方米，设置展品 28 件。

科技强国平面图

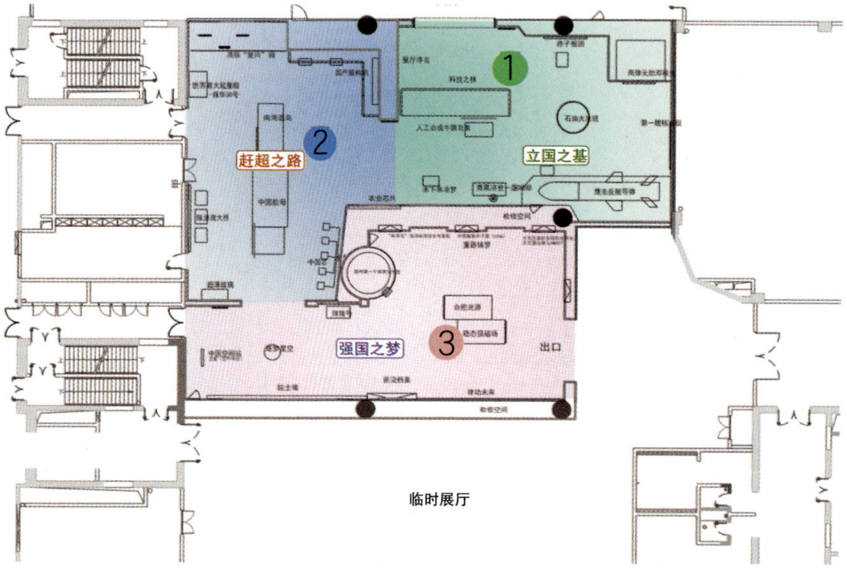

1. 立国之基 / THE FOUNDATION OF COUNTRY

新中国诞生之初，科技事业几乎从零起步。党中央发出“向科学进军”的伟大号召，广大科技工作者自力更生、打破封锁，创造了一系列举世瞩目的科技奇迹，构筑起立国的基石，注入了自强的灵魂。

梁希
梁思成
汤飞凡
熊庆来
科技之林
FOREST OF SCIENCE AND TECHNOLOGY
站在参与位置，伸出手臂，凌空"接住"科学家像框（请勿接触屏幕），了解科学家们的成就。
王大珩
王选
陈景润
黄昆
郭永怀
金善宝
钱三强
钱学森
科技兴则民族兴，科技强
中国共产党历来高度重视
科技整体能力持续
伟大成就，科技整体能力持续
阶段，为我国成为一个有世界
进入21世纪以来，全球科
版图、重塑全球经济结构，加
来没有像今天这样深刻影响着
界主要科学中心和创新高地。

两弹元勋邓稼先
DENG JIAXIAN, THE HERO OF TWO BOMBS
『两弹一星』精神
热爱祖国 无私奉献
自力更生 艰苦奋斗
大力协同 勇于登攀
挺起共和国油脉
长征一号
长空利剑
0.85米

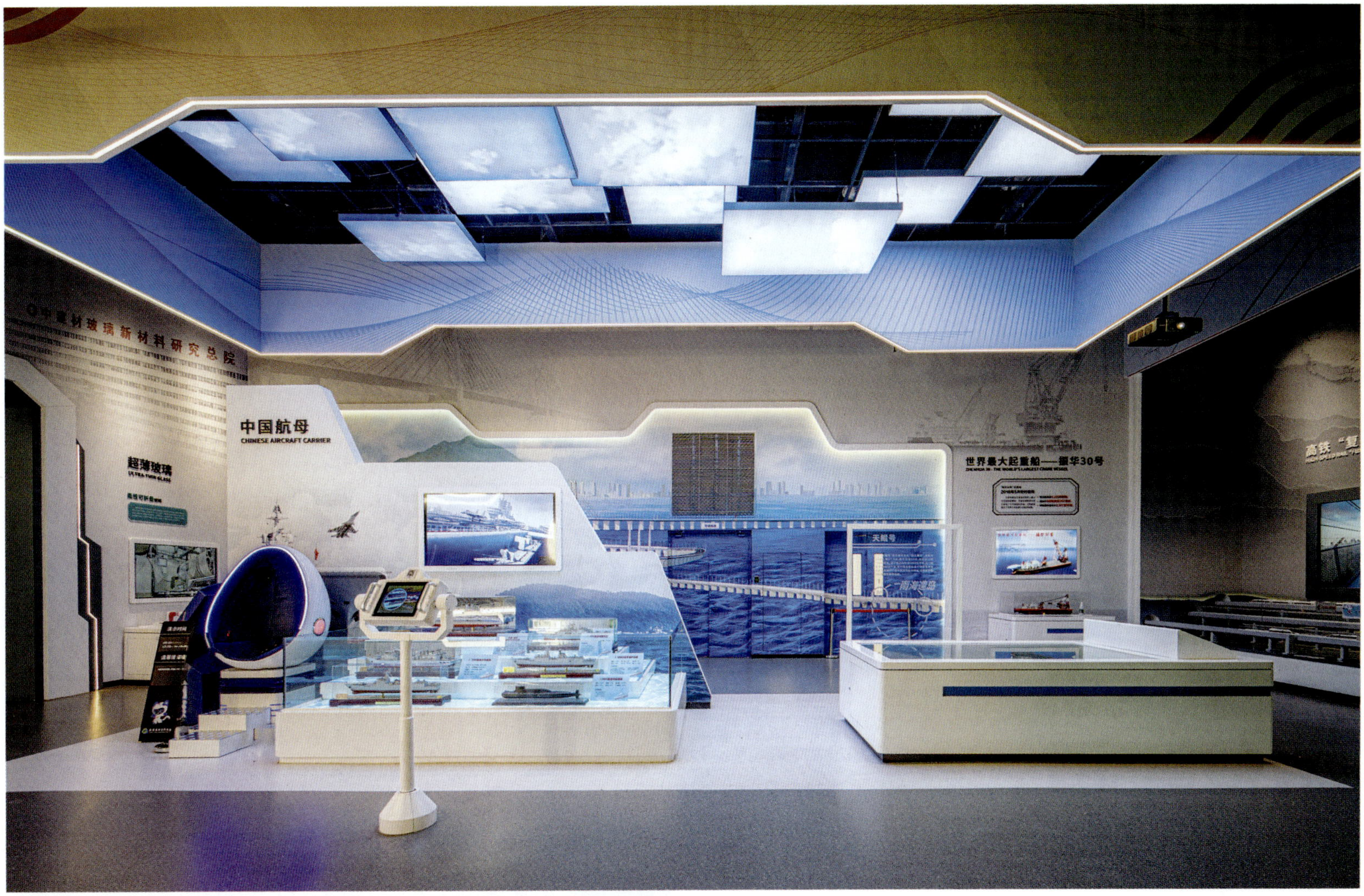

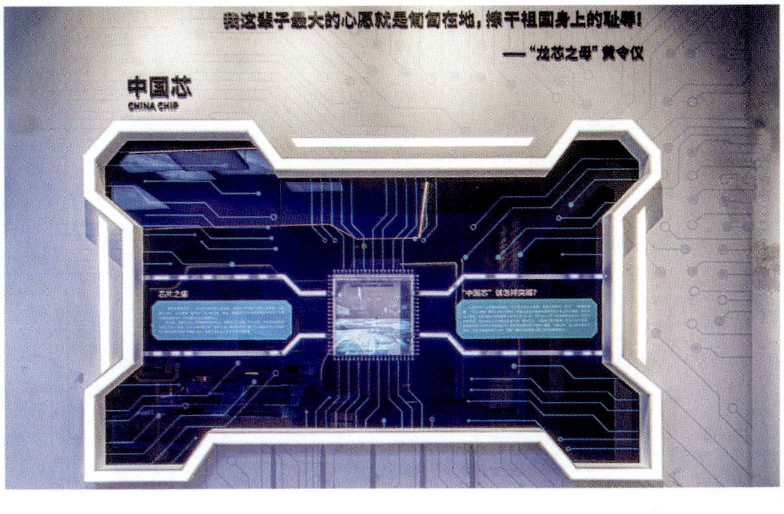

2. 赶超之路 / THE ROAD TO CATCH UP AND SURPASS

改革开放以来，我国科技事业迎来了“科学的春天”。邓小平同志提出了科学技术是第一生产力的重要论断，科学家们不断攻克“卡脖子”的技术难关，突破国外的技术壁垒，在多个领域实现了从追赶到领跑的赶超之路。

3. 强国之梦 / DREAM OF THE POWERFUL NATION

进入 21 世纪以后，创新作为引领发展的第一动力，被摆在国家发展全局的核心位置。科技工作者们瞄准世界科技前沿，为建成创新型国家和世界科技强国、为实现中华民族伟大复兴的中国梦而不懈奋斗。

生命·永续

展厅介绍

2F

三、童趣乐园

1. 妙趣发现
2. 奇趣探索
3. 乐趣创造

四、减碳之路

1. 守望台
2. 议事厅
3. 观测站
4. 能量源
5. 修复舱
6. 进化场
7. 模拟室
8. 补给库

五、健康之本

1. 生命奥秘
2. 健康生活
3. 公共卫生
4. 抗震防灾

三、童趣乐园

展厅面向 3~8 岁儿童，以“科学启蒙·乐趣探索”为主题，采用儿童常见的“绘本”作为设计的切入点，在空间造型、图文造型、配色、叙事语境等方面融入绘本特色元素，设置三大绘本主题式空间：科学绘本、自然绘本、创造绘本，满足儿童对绘本故事世界的想象和憧憬。同时融入《中国学生发展核心素养》有关科学精神的培养目标，以崇尚真知、探索精神、问题意识为线索，从数学、力学与机械、自然、工程、艺术等方面规划，设置妙趣发现、奇趣探索、乐趣创造 3 个分主题展区。展厅面积 2198 平方米，设置展品 85 件。

童趣乐园平面图

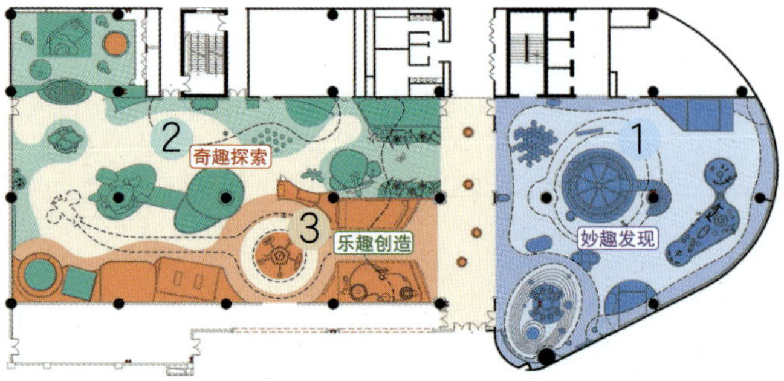

童趣乐园鸟瞰图

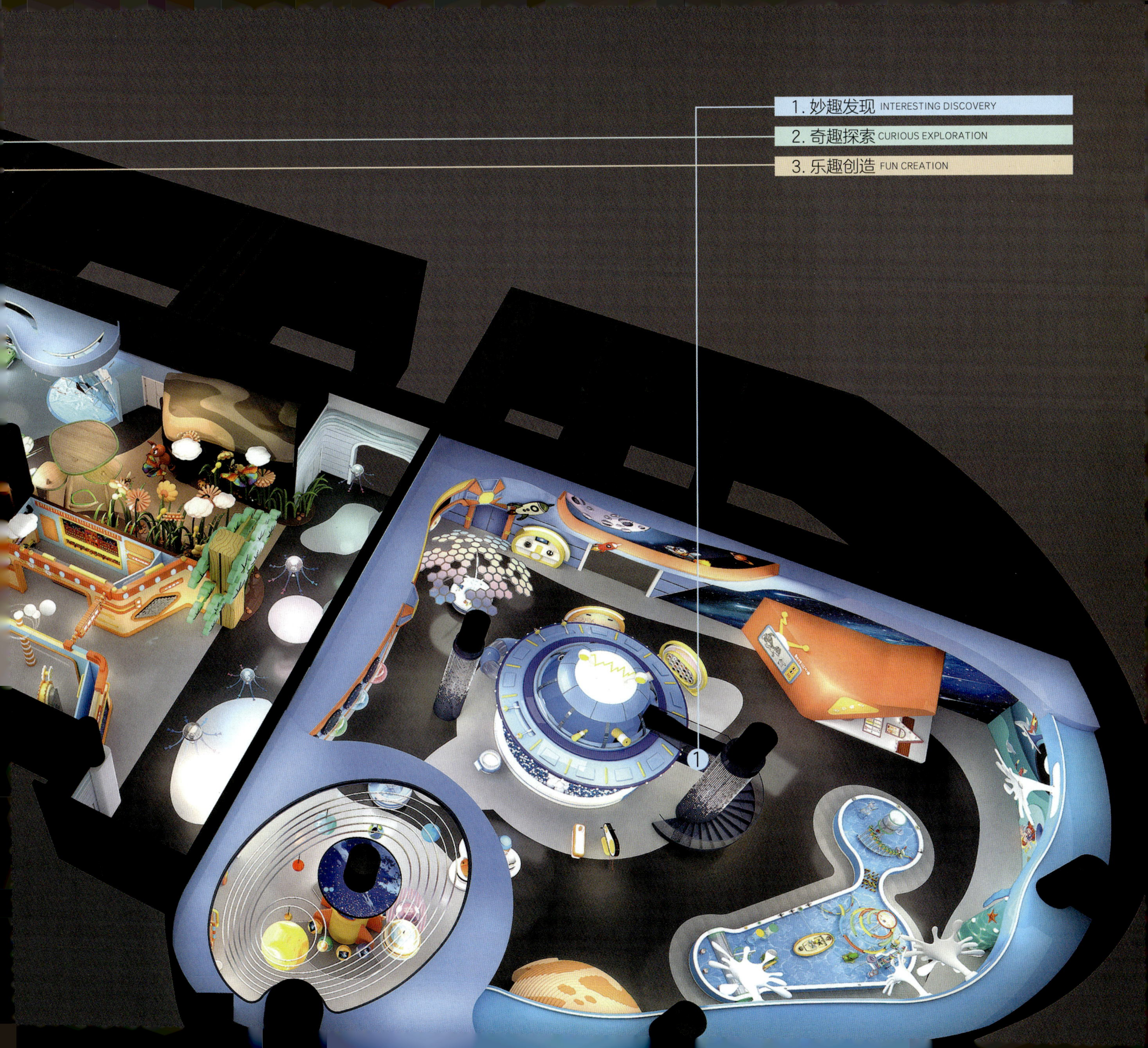
1. 妙趣发现 INTERESTING DISCOVERY
2. 奇趣探索 CURIOUS EXPLORATION
3. 乐趣创造 FUN CREATION
1

1. 妙趣发现 / INTERESTING DISCOVERY

以“崇尚真知”为核心，鼓励儿童通过调查、思考、尝试等方法，观察身边的科学现象、探究其中的科学内涵。展区主要展示数学、力学与机械相关的科学现象，启迪儿童的数学思维、逻辑思维、机械思维，提升儿童的动手能力，培养儿童对科学的兴趣。

2. 奇趣探索 / CURIOUS EXPLORATION

以“探索精神”为核心，鼓励儿童通过挑战、探究、比较等方法，探索自然的奥妙。展区主要展示动物、植物、天气等与自然相关的科学现象，培养儿童对身边事物和现象的观察能力，加强儿童与大自然的联系，激发儿童亲近自然、热爱自然的情感，培养儿童科学探究的兴趣。

梦幻森林

3. 乐趣创造 / FUN CREATION

以“问题意识”为核心，鼓励儿童通过提问、创造、测试等方法，创造自己想象中的美好世界。展区主要分为“解决现实问题”“展现创意想法”两个部分，让儿童在亲自动手尝试的过程中学会通过创造解决问题，鼓励儿童根据自己的想象进行创作。

减碳之路鸟瞰图

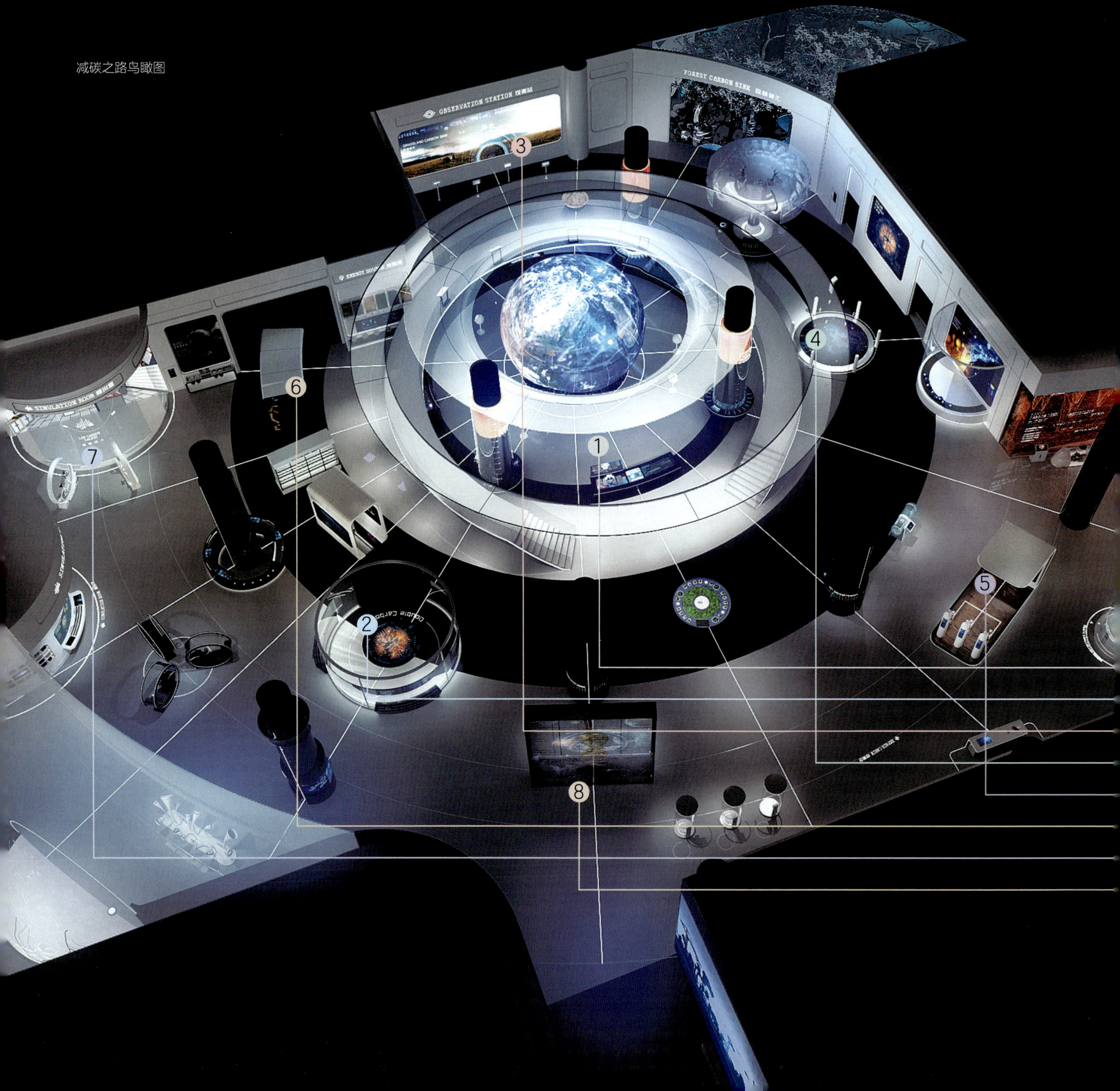

OBSERVATION STATION 观测站
FOREST CARBON SINK
SIMULATION ROOM
1
2
3
4
5
6
7
8

2F

四、减碳之路

实现碳达峰、碳中和是一场广泛而深刻的经济社会系统性变革。该展厅是国内首个以“双碳”目标为主题的展厅，聚焦科学、技术、政策、经济、文化、哲学等各个层面，从宏观到微观，全方位阐释减碳的概念内涵，同时结合安徽生态建设、巢湖水体治理、新安江水域治理、托卡马克、新能源汽车发展等方面展示地方特色，采取核心聚焦、相对发散和开放的空间布局，营造充满科技感和想象力的人类实践空间，为观众提供身临其境的认知，从而揭开“双碳”的神秘面纱。展厅设置 8 个分主题展区。展厅面积 2195 平方米，设置展品 82 件。

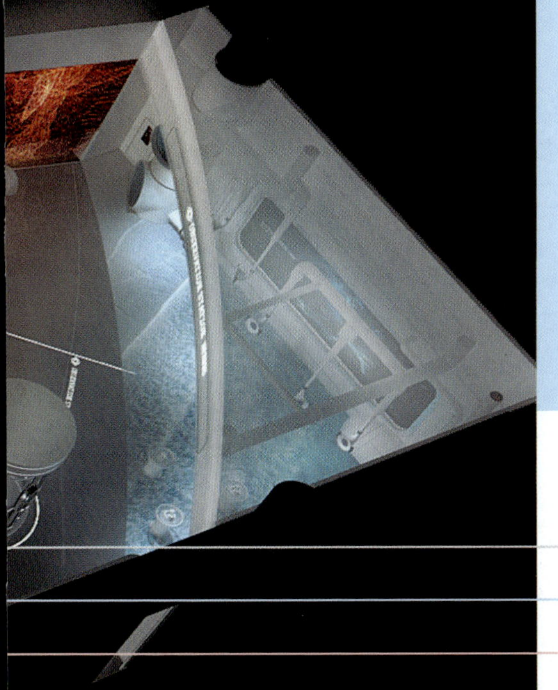

1. 守望台 WATCHTOWER
2. 议事厅 ASSEMBLY HALL
3. 观测站 OBSERVATION STATION
4. 能量源 ENERGY SOURCE
5. 修复舱 REPAIR CABIN
6. 进化场 EVOLUTIONARY FIELD
7. 模拟室 SIMULATION ROOM
8. 补给库 SUPPLY DEPOT

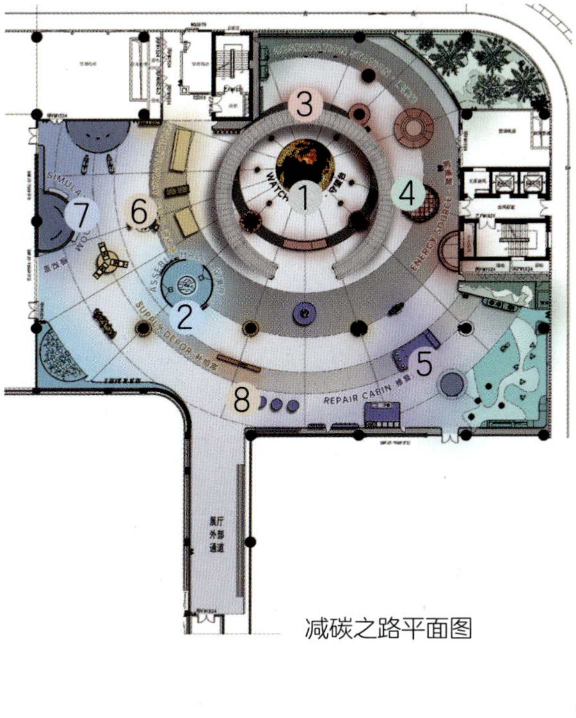

减碳之路平面图

1. 守望台 / WATCHTOWER

守望台守望人类唯一的家园。碳元素，已在地球巡游了 46 亿年，塑造了过去和现在的地球。碳造就了地球的生命基础，但是人类对化石能源的过度开发使用，温室气体的过度排放，造成全球气候危机，让人类面临着发展与自然的失衡。如何在持续提高人民生活水平的前提下，让失控的碳排放恢复平衡？如何共同守护我们唯一的家园？本展区向观众揭示碳在地球演化和生命演化中扮演的角色，展现“双碳”目标背后的人类命运抉择。其重点展项“守望地球”造型犹如一棵大树从内部托起地球，通过这种艺术化的处理方式，向观众传达人类命运共同体的理念。

守望台
WATCHTOWER
开始互动

生命的基石

2. 议事厅 / ASSEMBLY HALL

议事厅是共襄未来的议事圆桌。气候变化是全人类共同的挑战，碳达峰、碳中和是全人类共同的选择。中国作为世界第二大经济体、全球最大的发展中国家，面临着既要控制二氧化碳的排放总量，又要保持经济稳步增长、民生福祉持续提升的难题，毅然提出“30·60”“双碳”目标，彰显了大国责任与担当。本展区向观众展示什么是“双碳”、为什么要实行“双碳”、实行“双碳”的意义何在等内容，深刻地诠释“双碳”提出的背景与意义。

3. 观测站 / OBSERVATION STATION

观测站可对生态碳汇进行实况观测。陆地和海洋生态系统均具有显著的碳汇功能。增强森林、草原、土壤、岩溶、红树林等生态系统的生物固碳、生态降碳能力，对缓解碳排放、实现碳中和具有重要作用。本展区向观众展示各种生态系统的固碳能力，揭示生态系统在全球碳循环中不可替代的作用。

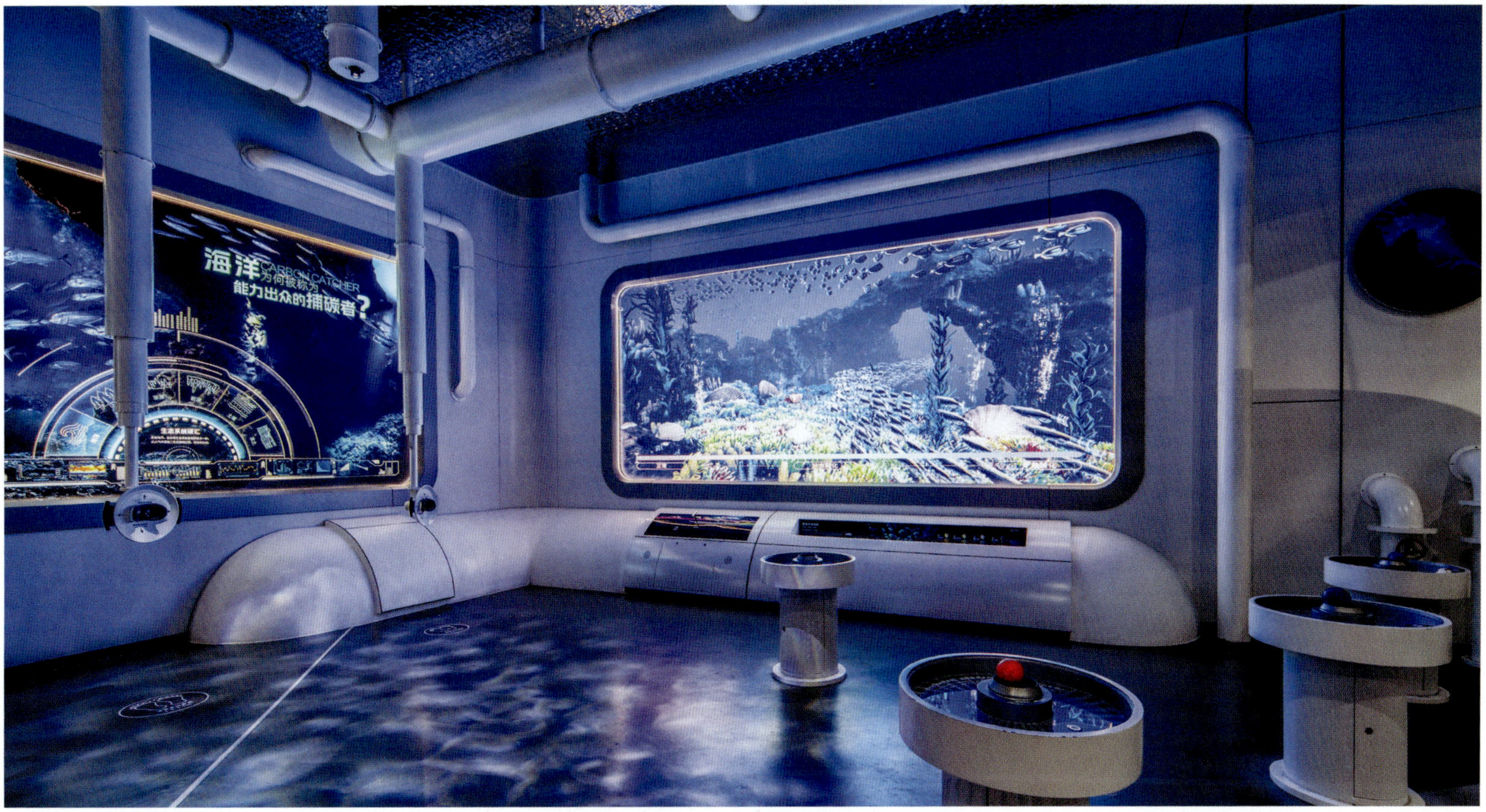

4. 能量源 / ENERGY SOURCE

能量源是驱动世界的绿色能源。21 世纪，全球范围的能源危机和环境危机推动了能源技术、电网系统、储能技术的改进与更替。从高碳能源向低碳、无碳、负碳能源演变，建设多元清洁的能源供应体系，成为能源转型最显著的特色。本展区以能源转型为切入点，展示能源开发、传输和利用等方面的技术突破，让观众感受新型能源模式对“双碳”目标实现的重要意义。

5. 修复舱 / REPAIR CABIN

修复舱展示对生态环境进行的疗愈呵护。污染治理可以减少“碳源”，生态修复可以增加“碳汇”。减污降碳与生态修复双线并行，不仅将改善环境，而且对于保持和提升生态系统的固碳能力至关重要。本展区让观众体验大气污染治理、水污染治理、矿山生态修复等措施，并展示安徽生态修复成果，表现其在增强区域生态碳汇中发挥的显著作用。

6. 进化场 / EVOLUTIONARY FIELD

进化场展示对人类产业的演化进行改造。工业、农业、交通作为中国碳排放大户，能否实现全面绿色转型升级，将直接关系到“双碳”目标的实现与否。本展区从低碳产业和低碳交通出发，揭示“双碳”目标引领下，科技将如何支撑行业绿色转型，传达“双碳”改变发展模式的深刻理念。

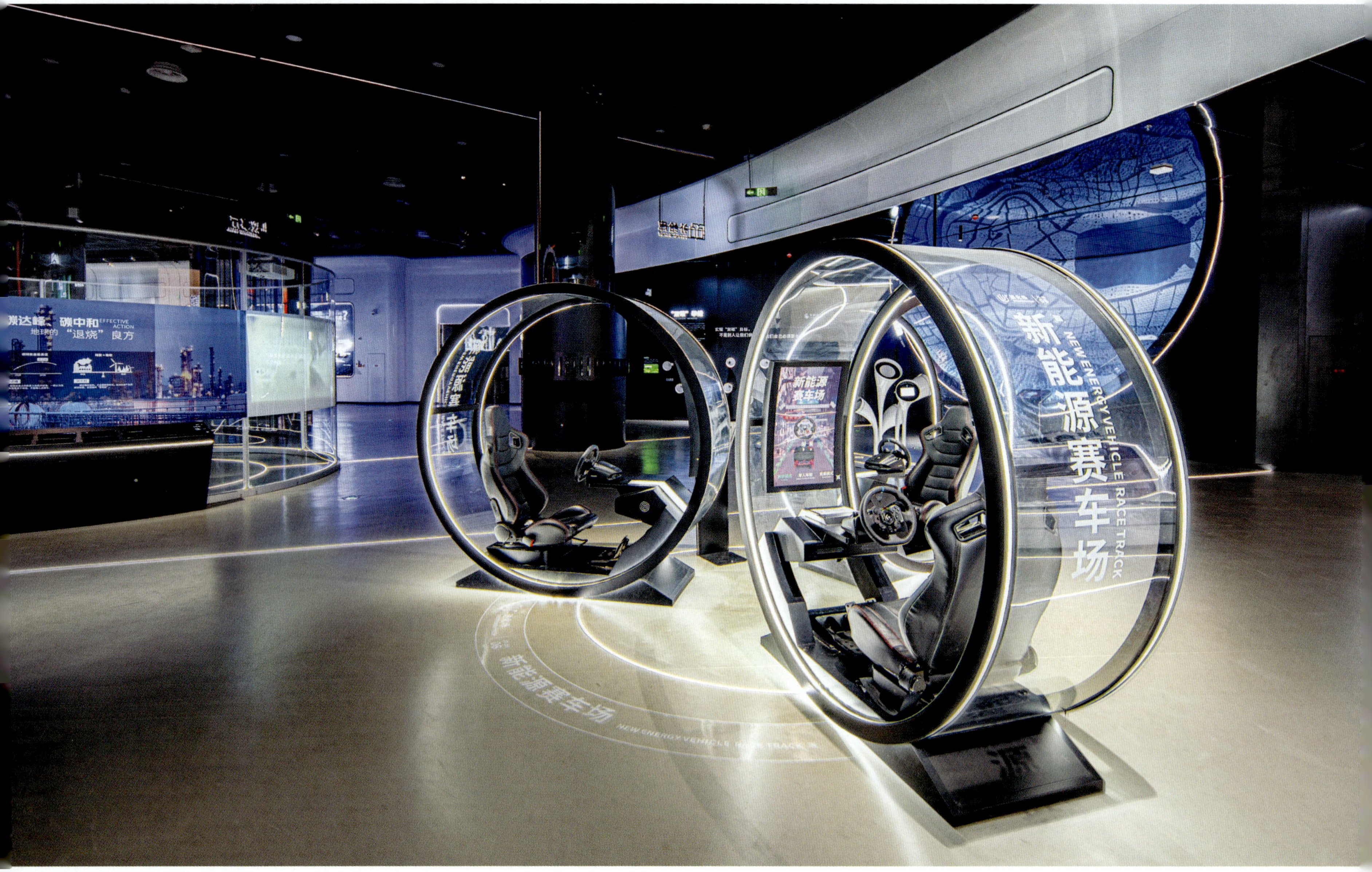

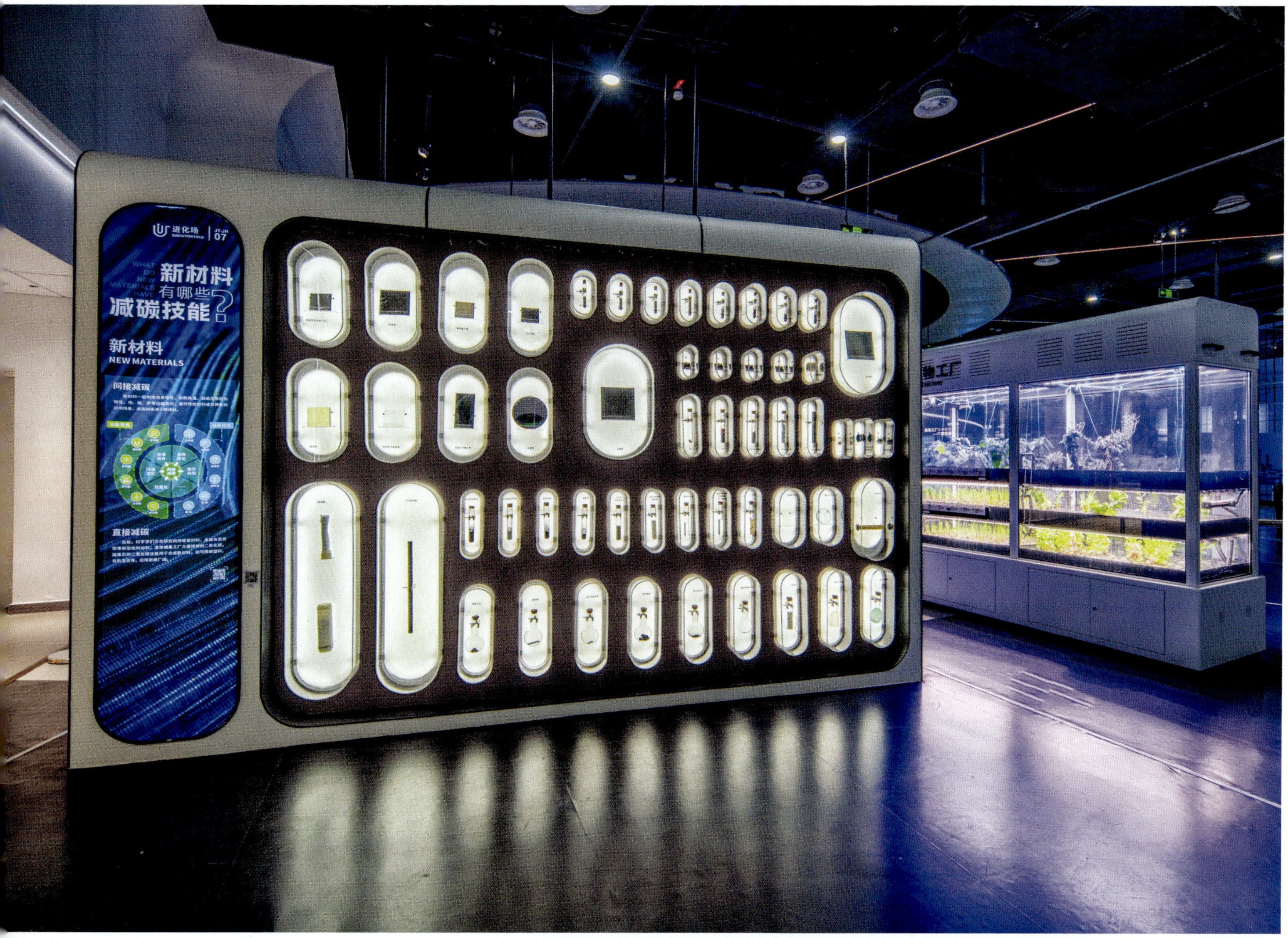
进化场
07
新材料
有哪些
减碳技能?
新材料
NEW MATERIALS
间接减碳
直接减碳

绿色建筑材料
GREEN BUILDING MATERIALS
绿色建筑的标准

7. 模拟室 / SIMULATION ROOM

模拟室可对低碳构想进行情境模拟。减碳与生活息息相关，从居住到衣食、从消费习惯到住宅环境，每个人都是减碳的主体。节约资源、简约生活，就是我们实践减碳的行动。本展区设置低碳建筑和低碳生活模拟体验，让观众了解如何在生活中实现减碳，个人的行为也可以改变地球的未来，引导观众积极参与到减碳行动中来。

8. 补给库 / SUPPLY DEPOT

补给库可对丰富的知识进行源源不断的补给。作为整个展厅的智库和补充，本展区通过不断动态更新各种研究、技术进展，让观众了解和掌握更多的减碳知识，在他们参观结束时收集他们关于减碳的思考与建议。

五、健康之本

人民健康是社会文明进步的基础。展厅紧扣“生命永续”的主题，以实现个体生命的延续为基本目标，倡导“每个人是自己健康的第一责任人”的理念，促进全社会关注健康、重视健康。同时，强调公共安全事关群众身体健康和生命安全。旨在加强健康教育，提升全民健康素养，普及防震减灾知识，增强防震减灾能力，让观众认识生命、珍惜生命、尊重生命、热爱生命。展厅设置生命奥秘、健康生活、公共卫生、抗震防灾 4 个分主题展区。展厅面积 1658 平方米，设置展品 70 件。

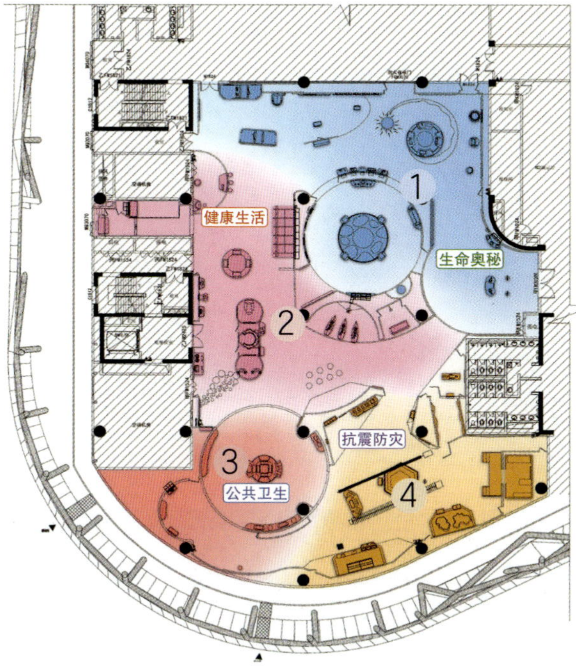

健康之本平面图

1. 生命奥秘 THE MYSTERY OF LIFE
2. 健康生活 HEALTHY LIFE
3. 公共卫生 PUBLIC HEALTH
4. 抗震防灾 SEISMIC DISASTER PREVENTION

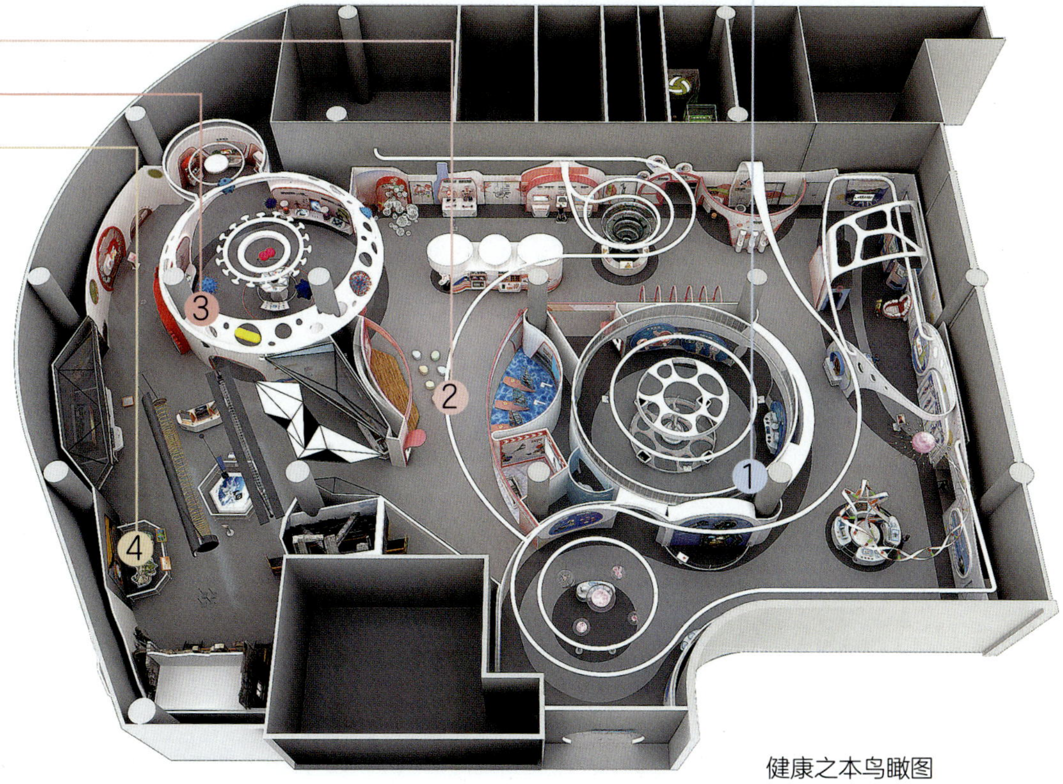

健康之本鸟瞰图

1. 生命奥秘 / THE MYSTERY OF LIFE

本展区展示关于生命起源、进化和发展的科学知识，主要通过细胞、DNA等人类生命的组成以及组成人体的系统、脏器乃至心理等内容，从微观到宏观，从生理到心理，充分分析生命的奥秘所在，让观众了解生命的奥秘和多样性。特色展项“人体九大系统”，采用投影的形式将人体中九大系统的内容在人模上展现，其底部展台采用空气触摸系统，公众站在展台正前方，可动手操作隔空屏幕，选择想要了解的身体系统，指令发送后，相关信息即呈现在人模上面。

2. 健康生活 / HEALTHY LIFE

本展区介绍健康生活的重要性，展示实用的健康生活建议和方法。观众可以了解到健康饮食、适度运动、良好睡眠和心理健康对身体的益处。特色展项“膳食宝塔”以倒三角的形式，展示了人们日常需要摄入营养的种类和各种食物的来源。

3. 公共卫生 / PUBLIC HEALTH

本展区展示公共卫生领域的科研成果和技术创新，设有天花、脊髓灰质炎、乙肝和冠状病毒等几种典型病毒及其疫苗的相关知识展项。通过屏幕选择可以了解部分病毒与抗体的形象与知识点，以及疫苗发生作用的原理。当你选择某一种病毒时，它的形象还会被放大投射在我们的全息成像系统中，可以近距离观看它的三维结构。

4. 抗震防灾 / SEISMIC DISASTER PREVENTION

体验地震，进行地震时的逃生、自救、互救演练等，了解地震和其他自然灾害的原理、预防和应对方法及我们周边的地震带分布、地震预警系统、地震前沿科技等知识性内容。本展区还展示防灾设备和技术，提醒观众在灾害发生时保持冷静并采取正确的应对措施。设有震后逃生通道、地震小屋、震后被困自救与互救等展品展项。

探索

展厅介绍

3F

六、天地探秘

1. 蔚蓝星球
2. 遥望星辰
3. 飞向深空

七、量子探微

1. 创见
2. 感知
3. 引领

八、数字探梦

1. 数据的力量
2. 新基建·新引擎
3. 数字创造新产业时代
4. 数字创造更美好生活
5. 共建数字生态

九、科创探趣

1. 乐音魔术师
2. 视觉创艺家
3. 智慧探索者
4. 结构建造家
5. 智能发烧友

六、天地探秘

展厅以好看、看得懂、有启发和感悟为核心设计原则，展示人类对地球和宇宙认知的过程和方法，解读中国深海、深地、深空探测战略，彰显载人航天精神、新时代北斗精神及探月精神，体现安徽特色的地方形象及中国航天的安徽力量。展厅被打造成探究地球与宇宙的天文知识科普平台、助力航天强国的航天精神教育基地。展厅设置蔚蓝星球、遥望星辰、飞向深空 3 个分主题展区。展厅面积 2368 平方米，设置展品 77 件。

天地探秘鸟瞰图

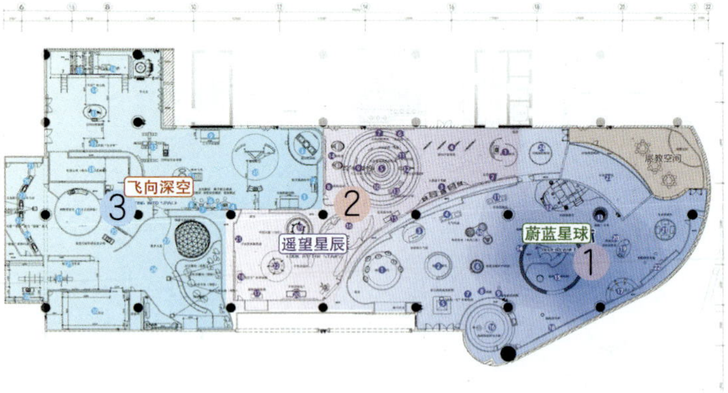

天地探秘平面图

1. 蔚蓝星球 BLUE PLANET
2. 遥望星辰 LOOKING AT THE STARS
3. 飞向深空 FLYING INTO DEEP SPACE

1. 蔚蓝星球 / BLUE PLANET

地球作为宇宙中一颗普通的行星微不足道，却是人类赖以生存的唯一家园，那它是如何诞生又如何孕育出丰富多样的生命的呢？本展区围绕这颗蔚蓝星球究竟从何而来、地球为何能够成为宜居星球、地球上还有哪些未解之谜、生命是如何诞生与进化的等问题，展示地球的诞生及演化、地球的独特构造以及在宇宙中独特的位置，探索地球生命的形成过程及聚焦对地球的疑问等，让观众了解地球家园多样的生命与宜居奇迹。

2. 遥望星辰 / LOOKING AT THE STARS

目光超越地球范围，投射宇宙深处，认知宇宙演变，了解太阳系的星球组成与构造，进一步徜徉探索更加广阔的宇宙空间。本展区主要通过古人如何理解星空、人类如何观测星辰、地球外面的世界是怎样的、宇宙还蕴藏哪些秘密等问题构建内容框架，展现人类对宇宙的最初幻想，通过天文望远镜的发明与发展，展示人类观天技术手段的升级迭代，以及人类在疑问的驱动下，逐渐探索认知宇宙，一步步走向宇宙的深处，同时由暗物质、暗能量切入，提出系列思考命题，引领观众进一步探索未知的宇宙。

3. 飞向深空 / FLYING INTO DEEP SPACE

本展区重点关注人类探索天地的科学技术发展，以人类如何突破重力飞向外太空、人类为什么要探索外太空、航天技术如何改变我们的生活、宇宙的终点在何方等问题串联展区展品，展示人类不断超越极限，在知觉、听觉、视觉与手配合的不断测试下，依托技术装备，挣脱地球引力，搭载航天器，解锁飞天之谜。通过月球探秘、火星探索两大内容，带领观众逐步走进宇宙深处，同时思考航天技术如何改变我们的生活，进而上升到人类探索宇宙的价值。跟随前沿的脚步，引领观众突破思维边界，将天与地融汇结合，引发观众探问宇宙的终点在何方。

进发
小步，却是人类的一大步。
钱学森
中国航天事业奠基人
杨利伟
中国首飞太空第一人
刘洋
中国首位女性航天员
中国航天
航天里程碑
人类如何挣脱地心引力
奔向茫茫宇宙星河？

七、量子探微

量子力学是人类探究微观世界的重大成果，量子科技发展将引领新一轮科技革命和产业变革方向。量子技术作为“十四五”规划中的战略性前沿科技领域，也是安徽省科技创新发展的重要目标与优势方向之一。展厅发挥本地量子科研与产业的优势，与中国科学技术大学相关实验室和国盾量子等相关企业合作，建设了全国第一个量子主题的科技馆常设展厅。从发现量子现象、初步应用量子现象、操控量子状态 3 个阶段，划分为创见、感知、引领 3 个分主题展区，带领我们重温量子力学诞生的过程，了解量子科技的广泛应用，展望量子探索的前沿成果。展厅面积 1260 平方米，设置展品 35 件。

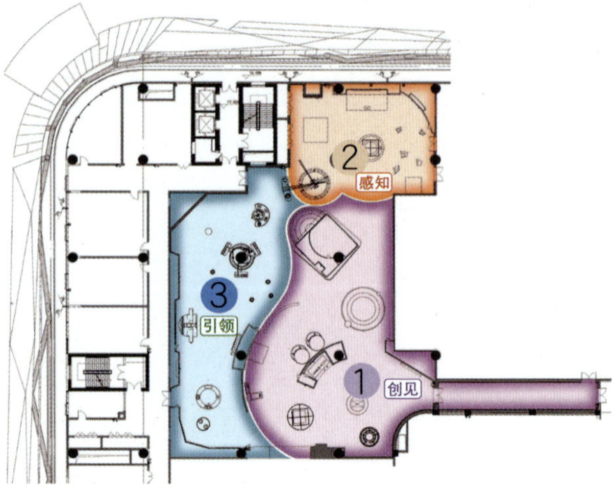

量子探微平面图

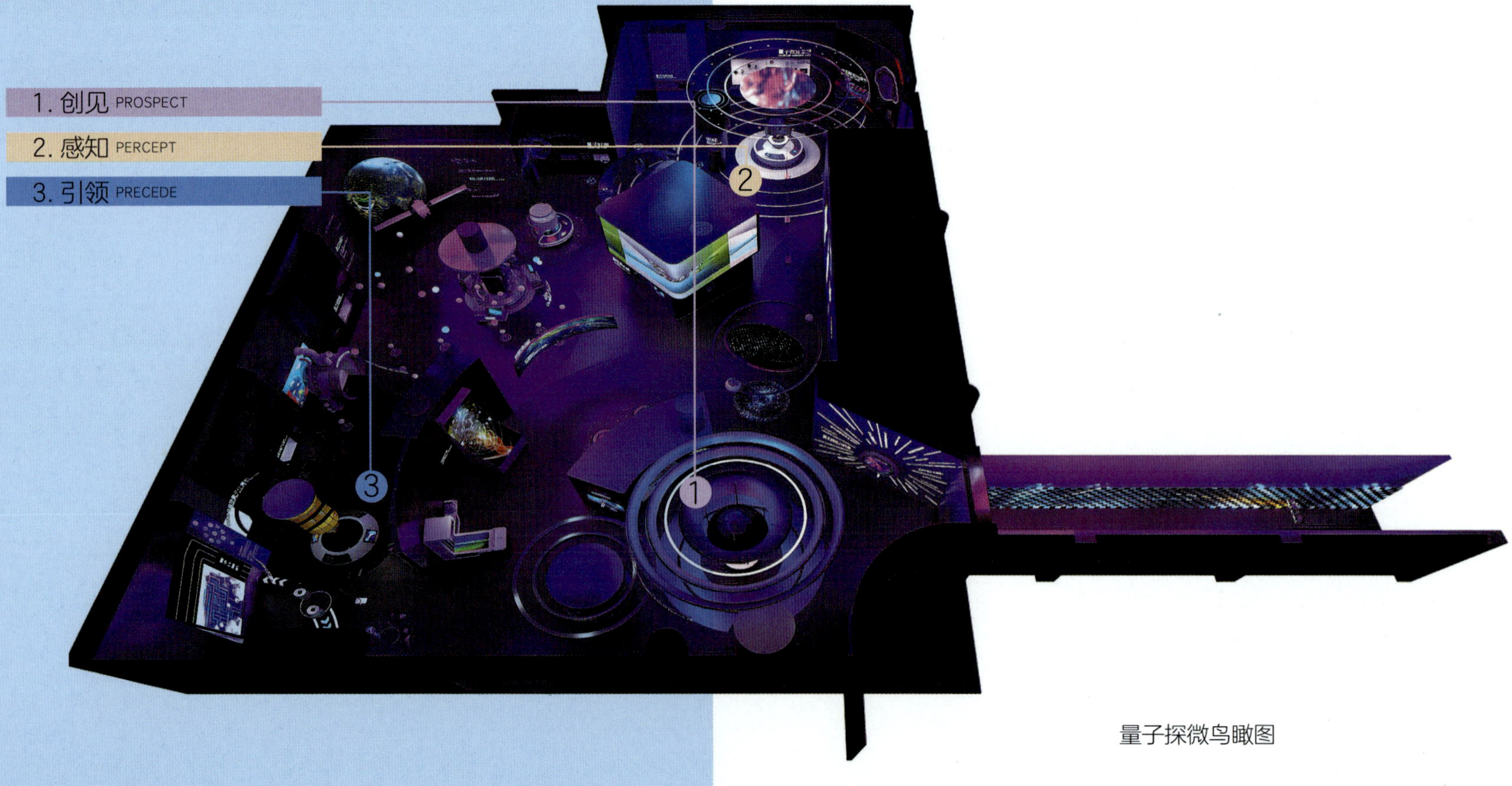

量子探微鸟瞰图

1. 创见 / PROSPECT

本展区展现代表量子力学从提出、证实到实用化过程中各种开创性的智慧之光，以波粒之争和原子结构理论的发展为线索，展示量子力学诞生和发展的过程，让观众徜徉于一个融合知识、故事和人文精神的海洋，感受前人打破常规、质疑权威和求真务实的精神。

2. 感知 / PERCEPT

人类开始利用量子的一些现象进行一定的应用，但仍然无法去精密操控量子。本展区借半导体和激光等案例，讨论量子力学在生活中的广泛应用，感知量子对我们生活的影响，消除观众对量子的误解与距离感。

3. 引领 / PRECEDE

本展区以量子精密测量、量子保密通信和量子计算三大量子科技前沿成果，展示以中国科学技术大学为代表的安徽合肥的量子探索成果，体现中国的量子技术在世界处于领先地位，并展望未来新一轮科技革命和产业变革的方向。

4
5
3
2

1. 数据的力量 POWER OF DATA
2. 新基建 · 新引擎 NEW INFRASTRUCTURE NEW ENGINE
3. 数字创造新产业时代 DIGITAL TECHNOLOGY CREATING AN ERA OF NEW INDUSTRIES
4. 数字创造更美好生活 DIGITAL TECHNOLOGY CREATING A BETTER LIFE
5. 共建数字生态 JOINT EFFORTS TO BUILD A DIGITAL ECOSYSTEM

数字探梦鸟瞰图

3F

八、数字探梦

展厅以“数字梦 · 中国梦”为主题，从“穿越梦境”到“实践梦想”，打造数字梦与中国梦两个层面的“数字探梦之旅”。以“数据化、网络化、智能化”为内容线，设置数据的力量（数字时代）、新基建 · 新引擎（数字技术）、数字创造新产业时代（数字经济）、数字创造更美好生活（数字社会）、共建数字生态（数字生态）5 个分主题展区，展开一场“数字探梦之旅”。展区面积 1646 平方米，设置展品 60 件。

数字探梦平面图

1. 数据的力量
/ POWER OF DATA

“数据是新时代最重要的生产要素。”本展区从大数据概念、大数据特征、大数据价值 3 个层面进行布展，展现数据规模的发展壮大过程及其产生的巨大的变革力量。

2. 新基建 · 新引擎
/ NEW INFRASTRUCTURE NEW ENGINE

本展区主要从新型通信网络基础设施、新技术基础设施、算力基础设施 3 个层面进行介绍，涉及千兆光纤网络、5G 技术、6G 技术、IPv6、 物联网、人工智能、云计算、算法与算力、数据中心与智能计算等基础设施，展现新基建的类别与各类数字科技的技术原理。

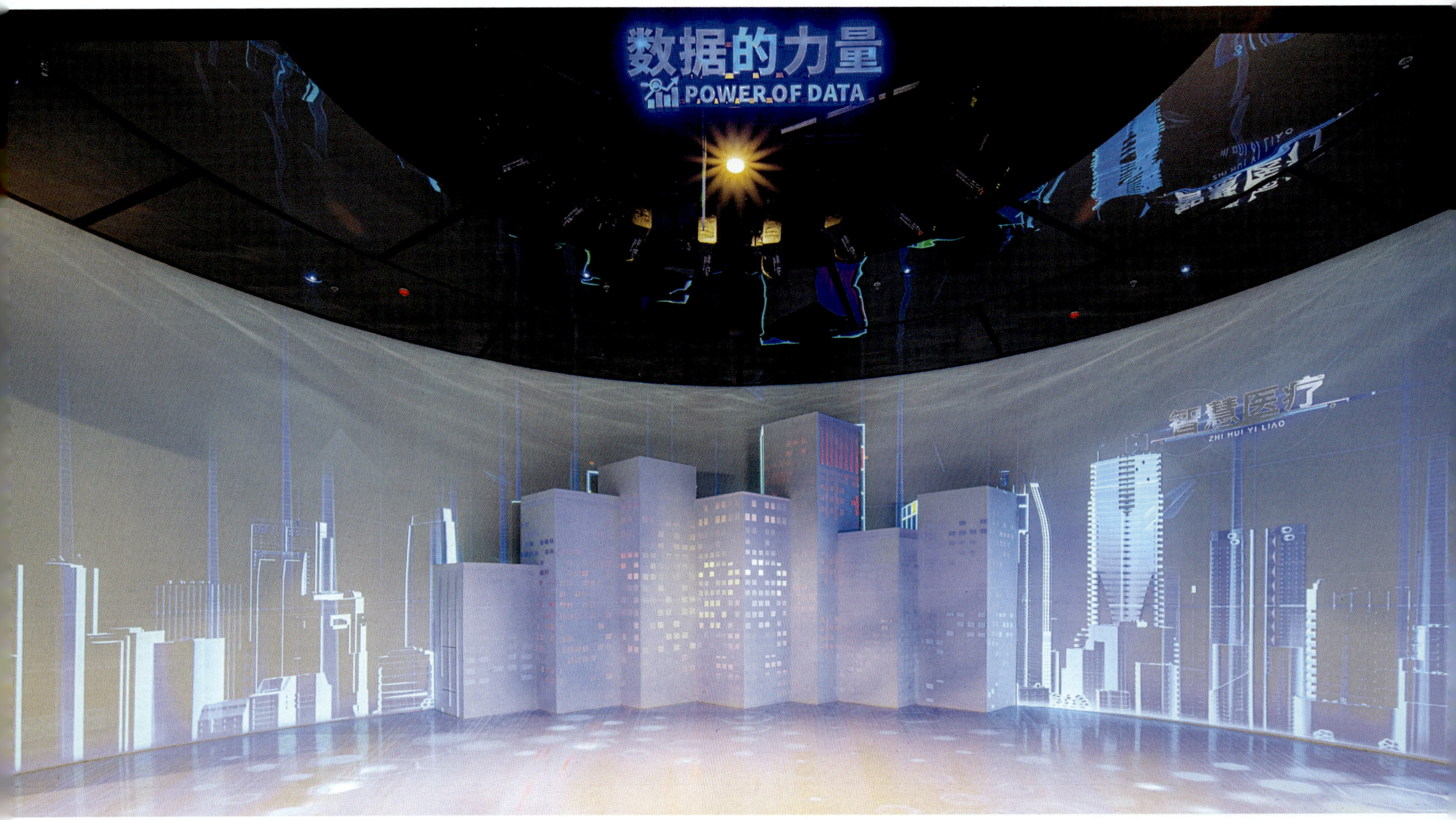

探秘物联网
玻璃中的光信号
迈向6G
建设我的5G基站

3. 数字创造新产业时代
/ DIGITAL TECHNOLOGY CREATING AN ERA OF NEW INDUSTRIES

本展区重点介绍数字产业化、产业数字化、治理数字化、数据价值化等方面内容，涉及数字产业化概念、行业动态，核心产业的展示，数字如何赋能产业，以及智慧农业、智能制造、智慧物流等应用场景。让观众了解这些数字技术怎样赋能我们的传统产业，并创造出更多新兴产业。

4. 数字创造更美好生活
/ DIGITAL TECHNOLOGY CREATING A BETTER LIFE

本展区主要从智慧城市和数字治理、智慧便捷的公共服务、美好数字生活新图景 3 个层面进行介绍，涉及数字化治理、智慧城市、智慧教育、智慧科技馆、智慧交通、智慧社区、智慧家居等内容，让观众体验到数字给我们创造的美好、便捷的服务。

5. 共建数字生态

/ JOINT EFFORTS TO BUILD A DIGITAL ECOSYSTEM

本展区从数据的安全、健康、开放 3 个层面进行介绍，通过重视并构建数据安全，从而营造更加健康的网络环境，体现我国构建数字命运共同体的美好愿景。

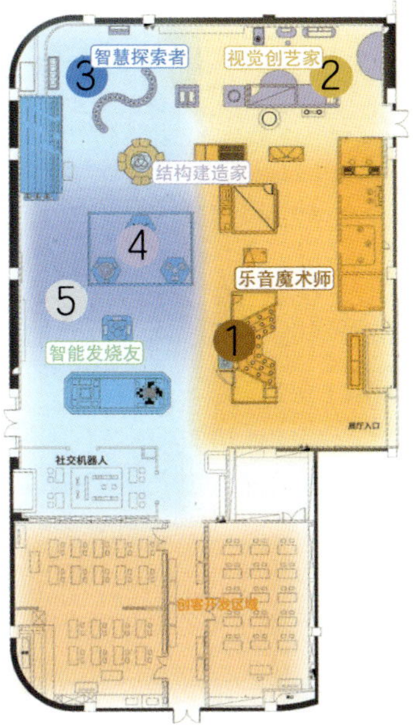

科创探趣平面图

九、科创探趣

展厅面向全年龄段观众，其中 8~15 岁的青少年是我们的核心受众。展厅设置 5 个分主题展区，分别是乐音魔术师、视觉创艺家、智慧探索者、结构建造家和智能发烧友。展厅面积 1060 平方米，设置展品 37 件。

1. 乐音魔术师 MUSICAL MAGICIANS
2. 视觉创艺家 VISUAL ARTISTS
3. 智慧探索者 WISDOM EXPLORERS
4. 结构建造家 STRUCTURAL BUILDERS
5. 智能发烧友 SMART ENTHUSIASTS

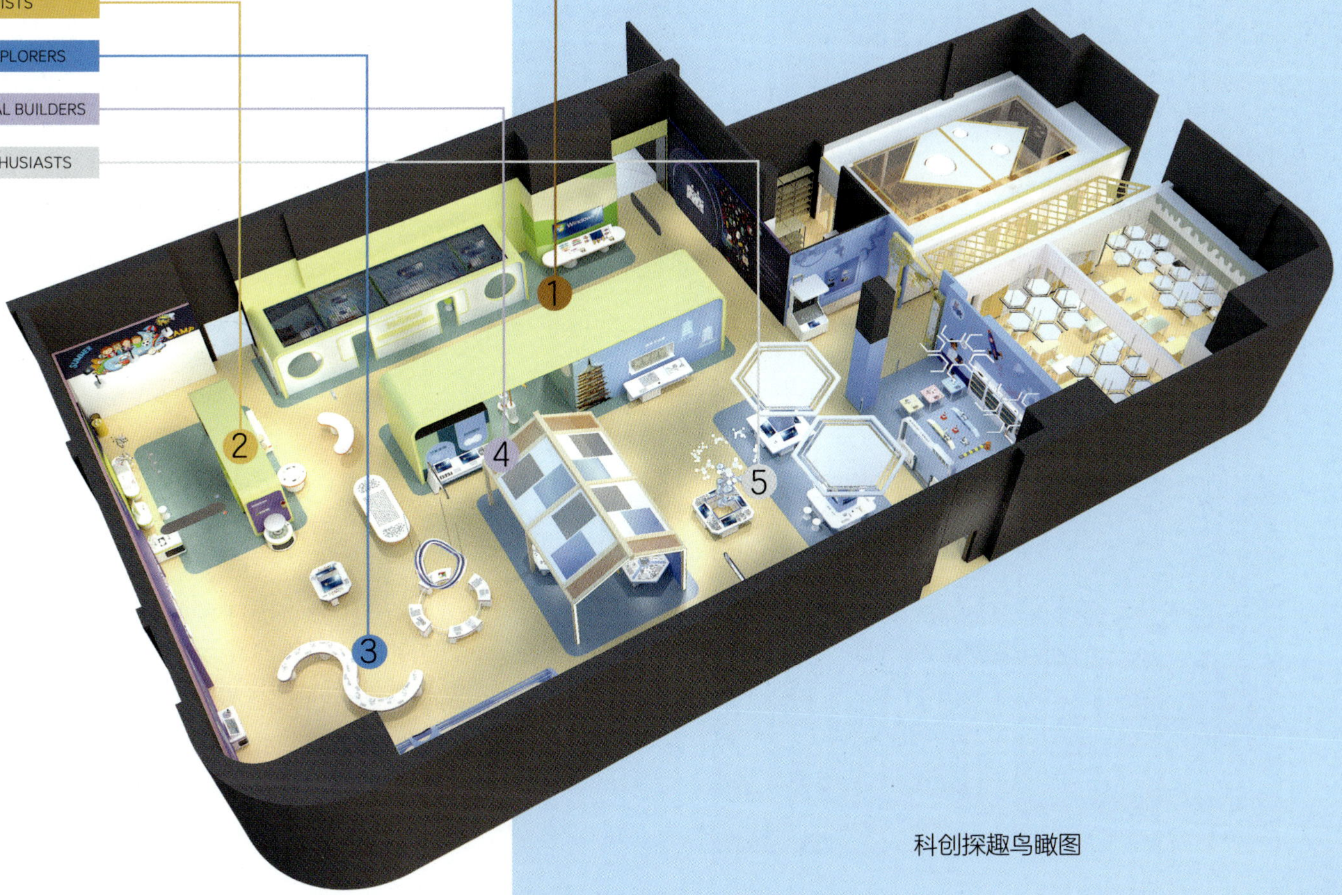

科创探趣鸟瞰图

1. 乐音魔术师 / MUSICAL MAGICIANS

本展区围绕听觉创意设置系列互动体验，以众所周知的声音为内容，打造一个玩转声音于指尖、利用声音移形换影、带给人惊喜不断的展览空间。将声音强大的艺术性、可塑性和再创造性呈现给观众，提升观众参与感，引导每位观众重新认知声音、音乐、拟音、配音等，让观众感知声音、旋律、故事三者之间的关系，并由此利用声音创造旋律、创作故事。

2. 视觉创艺家 / VISUAL ARTISTS

本展区剖析生活中随处可见的光与影，展示视觉艺术的发展历程、光影与视觉之间的关系，解开视觉体系背后的奥秘，传播控制光影画面的方法，并在新科技手段下，变不可能为可能，调动观者的感官并使其参与到艺术作品的创作之中，让奇思妙想在虚拟中呈现，让情感与故事在虚构中体现。

3. 智慧探索者 / WISDOM EXPLORERS

本展区围绕对智慧的探索设置系列互动体验，以逻辑思维与实验现象为内容，涉及数学、益智、思维、化学等，以烧脑益智的互动为引，打造一个最强大脑的训练基地。将思维逻辑、理论实践和实验现象呈现给观众，提升观众参与感，引导每位观众进阶最强大脑。

4. 结构建造家 / STRUCTURAL BUILDERS

本展区围绕“结构建造”设置一系列互动体验，内容涉及空间、结构、建造等各个元素，比如空间结构补全、积木搭建、古代建筑结构等等，目的便是培养观众的空间想象力，使其了解建筑的魅力。

5. 智能发烧友 / SMART ENTHUSIASTS

本展区围绕智能科技创新实践设置系列互动体验，内容涉及人工智能、电子编程等。策展思路上弱化传统科技展馆的学科属性，从 AI 智能技术的发展前沿与生活中对科技的畅想出发。重点结合 AI 智能技术学习兴趣的激发和技术应用实操，实现观者与 AI 技术的深度互动，在把握全域科普的同时打造科学探索者的专属社群。

影院剧场

一、巨幕影院

二、球幕影院

三、4D 影院

四、科学秀场

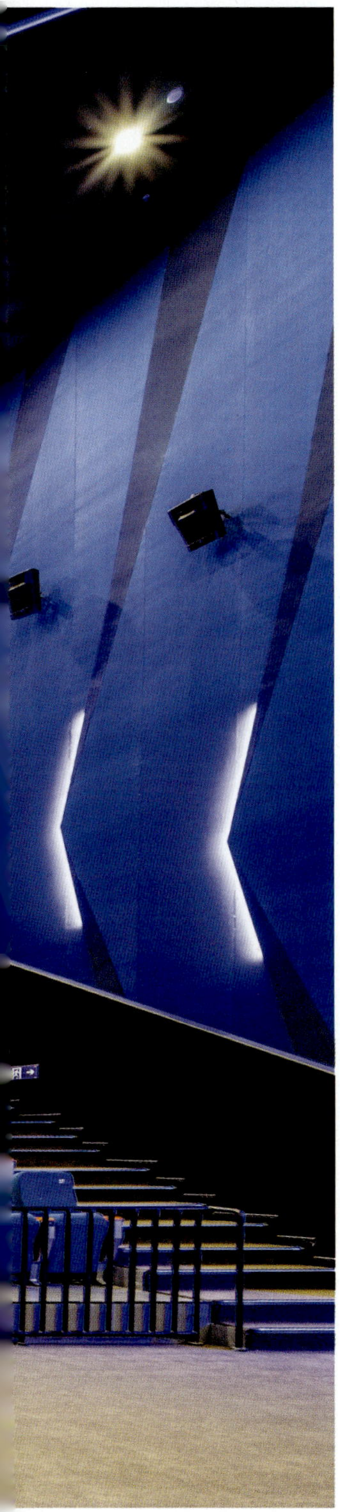

一、巨幕影院

巨幕影院银幕宽 22.5 米，可容纳 298 人。影院采用 RGB 三色进口 4K 激光放映设备，并配备线阵列环绕立体声进口还音系统。影院摆位设计合理，视觉设计确保每个座椅均可实现 3D 可视效果，配合大起坡、宽排距、低视点的座位设计，画质清晰稳定，立体效果逼真，景物犹在眼前，有伸手可触之感，能给观众带来更好的沉浸式体验。巨幕影院可播放兼容各类格式的影片，内容包含自然、宇宙等科普影片，并可以作为报告厅使用，是集院士讲堂、科普报告、培训竞赛等为一体的创新智慧分享平台。

二、球幕影院

球幕影院位于展厅二层，球幕直径约 22 米，设置 183 个座位。采用现代化投影融合技术，银幕呈半球形，将观众包围其中，如同苍穹，创造出超大无缝的逼真画面。使用全球领先的数字天象仪，兼顾放映球幕电影和演示天象节目，以超人视角的画面和逼真的环绕音响效果，带给观众强烈的视听震撼和无与伦比的艺术享受。

三、4D 影院

4D 影院位于建筑二层，面积约 400 平方米，设置 80 个座位。采用激光数字放映系统、沉浸式全景多声道音响系统、动感座椅，在 3D 立体电影的基础上增加环境特效和座椅特效、模拟仿真，当观众在观看 4D 立体电影时，可实时感受到风暴、雷电、下雨、撞击、喷洒水雾、扫腿等，让观众通过多重身体感官体验电影带来的全新独特效果，如惊险、紧张、刺激等，带给观众身临其境的感受。

1F

四、科学秀场

科学秀场面积约 350 平方米，可容纳观众 100 人。秀场以“全息技术”为核心，结合虚拟影像表演、影视特效等高科技手段，以“科学”作为切入点，演绎科学故事，传递科学精神，为观众营造亦真亦幻、虚实结合的视觉效果，让观众沉浸在神奇的梦幻效果中。

科学秀场具有“秀场 +”特性，基于全息剧场的特殊载体，可同时实现全息剧场、激光秀、科普表演、科普报告、科普影片播放等功能，集剧场表演、互动、实验于一体，实现“剧场 +”概念，丰富、拓展科普教育的形式和内容，打造创新型主题科学秀场。

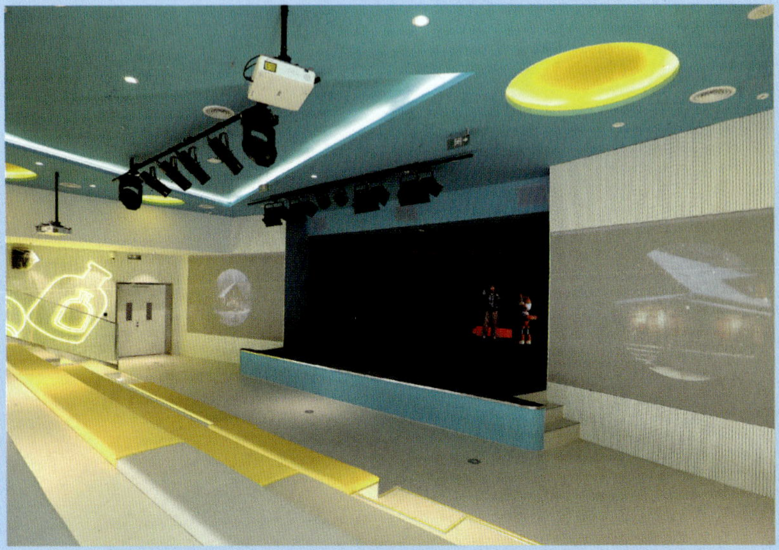

科学秀场
Science Show

安徽省科学技术馆

建设专班

方　波　王　睿　汤　林　沈超群　葛子红　罗　斌　俞　放　黄银萍　邵　将

王　飞　高小令　王　军　乔　晖　潘燕萍　李蕴娴　单鹏旭　胡文浩　周梦婷

胡晨美　潘　薇　孙玉平　吴永德　刘灯彪　汪　泳　李宗琛　赵欣曼

参建单位

合肥安达创展科技股份有限公司

中展国际数字科技有限公司

北京华益盛世科技有限公司

上海宽创国际文化科技股份有限公司

百达文化科技有限公司

合肥国源展览展示有限公司

宁波新文三维股份有限公司

广州市美术有限公司

天禹文化集团有限公司

深圳滨海航空文化科技有限公司

合肥探奥自动化有限公司

科大国创软件股份有限公司

合肥磐石智能科技股份有限公司

中影南京影视设备有限公司

广州数祺数字科技有限公司

北京星际元会展有限公司

上海市建筑装饰工程集团有限公司

深圳市艺博堂环境艺术工程设计有限公司

广东省电信规划设计院有限公司